BIBLIOTHÈQUE SCIENTIFIQUE
DES ÉCOLES & DES FAMILLES

DIRECTEUR
GUSTAVE PHILIPPON
Docteur ès sciences

LA
GALVANOPLASTIE

PAR

H. MERCEREAU

HENRI GAUTIER, éditeur, 55 Quai des Gds Augustins, PARIS

N° 77 | Il paraît un volume tous les quinze jours

LA
GALVANOPLASTIE

LA GALVANOPLASTIE

PAR H. MERCEREAU.

I

INTRODUCTION

L'art de recouvrir les métaux oxydables de couches métalliques plus résistantes par voie *électrochimique* est d'invention toute récente, mais par contre les peuples anciens ont su pratiquer les mêmes opérations à l'aide de procédés mécaniques, sans doute même à l'aide de procédés chimiques, s'il faut en croire M. Japing, dans son *Traité de la Galvanoplastie* : « Pour nous, la connaissance de la gal- « vanoplastie date des communications faites par Jacobi « en 1839 ; toutefois les anciens Égyptiens paraissent avoir « connu l'art de précipiter le cuivre d'une solution saline « aqueuse sur des moules non métalliques. On ne peut du « moins expliquer autrement la fabrication de nombreux « objets trouvés dans les sépultures de Thèbes et de Mem- « phis : vases et figurines d'argile, pointes de lance en bois, « lames de sabre recouvertes d'une légère couche de cuivre, « même des statues de grandeur naturelle en cuivre, « creuses, et ne pesant que quelques kilogrammes. »

Les Égyptiens, les Grecs, les Romains, savaient dorer et argenter les métaux avec une habileté rare, ainsi qu'en témoignent les délicats objets d'art mis à jour par les fouilles des archéologues. On a découvert des vases, des miroirs à main en bronze ciselé et recouverts d'une pellicule d'or et d'argent ; ce travail atteignait une perfection telle qu'il aurait été digne de nos orfèvres modernes.

C'est au moyen âge que le mercure fut employé comme agent intermédiaire pour les dorures, procédé qui a prévalu jusqu'à ces dernières années et qui a causé de si grands dommages parmi les ouvriers doreurs.

Les anciens opéraient-ils seulement par voie mécanique, ou bien connaissaient-ils le travail de simple immersion dans les solutions salines? Le manque de documents précis empêche de répondre à cette question, mais, quoi qu'il en soit, on a de temps immémorial doré, argenté, étamé avec adresse. Il est nécessaire de faire remarquer ici que les dépôts directs sont sans doute effectués avec le secours de l'électricité, car la présence de deux métaux différents (le métal précipitant et le métal précipité) forme au sein du liquide une pile véritable.

Un ingénieur très connu en Amérique, M. Brunor, nous dit avoir connu dans sa jeunesse un vieil orfèvre qui avait inventé au commencement de ce siècle, et pour son usage exclusif, un procédé de dorure qui n'était autre que le schéma de la galvanoplastie actuelle. Cet homme se servait de prussiate de potassium dissous dans un bain rempli de liqueur acidulée. Quelques morceaux de zinc complétaient cette pile et produisaient le courant électrique. M. D. Tomasi, dans un de ses traités d'électricité, a fait très justement remarquer combien il était injuste de « décerner à un seul « savant, à l'exclusion de tous les autres, le titre d'inventeur « de la galvanoplastie, car cette découverte — dit-il — est « à la fois l'œuvre des temps et celle de divers savants qui « tous, dans des parts plus ou moins grandes, ont contribué « à la compléter ».

Volta, l'inventeur de la pile qui porte son nom, eut le premier l'idée d'appliquer les effets du courant électrique sur les dissolutions salines, mais l'état pulvérulent des dépôts, état dû sans doute à l'irrégularité du courant, empêcha ce physicien d'attacher à ces expériences l'importance qu'elles avaient. C'est sans doute ce qui explique l'indifférence avec laquelle le public scientifique accueillit les communications de *Brugnatelli* sur les mêmes faits. Cet habile chimiste, professeur à l'Université de Pavie (1761-1818), poussa si loin les expériences, que ses disciples furent plus tard unanimes à trouver en lui l'inventeur de la galvanoplastie ; mais ces expériences, peut-être mal conduites, ne franchirent pas les limites du domaine de la théorie pure.

La valeur du courant électrique, du courant galvanique, comme on l'appelait encore au commencement de ce siècle, fut mise en relief par sir *Humphrey Davy*, qui arriva à décomposer avec cet agent certains oxydes métalliques, corps jusqu'alors considérés comme corps simples : la soude, la potasse, etc.

Daniell, l'inventeur de la pile à deux liquides, *De la Rive*, de Genève, observèrent le dépôt métallique effectué sur les parois du vase en cuivre dont ils se servaient ; il est même étrange que ces savants n'aient tiré aucune conclusion pratique de ces découvertes intéressantes qui contenaient le germe de la galvanoplastie. *De la Rive*, lui-même, sans aller plus loin, constate que la feuille de « métal ainsi for-« mée offre, après avoir été enlevée, une copie fidèle de « chaque éraillure de la plaque métallique sur laquelle elle « reposait ».

En 1829, *Becquerel* commença une série d'observations remarquables qu'il ne songea pas à appliquer à d'autres branches de l'industrie, car il avait en vue l'affinage des métaux.

Le hasard, se mettant au service de deux grands observateurs, fit sortir la galvanoplastie de toutes ces ébauches scientifiques et la révéla au public vers le milieu de ce siècle (1838-1840). Plusieurs auteurs, au début, ont cherché à attribuer cette précieuse découverte à *Spencer* au détriment de *Jacobi*, et vice versa, mais il reste maintenant acquis que les expériences presque simultanées de ces deux physiciens n'étaient connues ni de l'un ni de l'autre.

En 1837, *Jacobi*, professeur à l'Université de Saint-Pétersbourg, vit se reproduire sur les parois du vase de sa pile ce dépôt métallique déjà signalé par De la Rive. Il songea tout d'abord à attribuer ce fait à la mauvaise qualité du cuivre qu'on lui avait fourni et il s'en plaignit au fournisseur. Ce dernier lui ayant affirmé l'excellence de son produit, Jacobi étudia ce dépôt et remarqua les éraillures et les détails du vase fidèlement reproduits, et il recommença l'expérience qu'il conduisit en maître. Il acquit ainsi les données, les bases de l'art auquel il donna le nom de Galvanoplastie. Dès qu'il eut communiqué le résultat de ses études au public, Jacobi s'activa à perfectionner ses découvertes, et ce sont justement ces perfectionnements successifs qui le font considérer à bon droit comme l'inventeur de tous les procédés essentiels de la galvanoplastie.

En 1838, il découvre l'appareil composé en séparant la source électrique du bain ; un peu plus tard il eut l'idée de substituer à l'emploi exclusif des moules métalliques des moules fabriqués avec des substances non conductrices, plâtre, cire, porcelaine, etc., etc., rendues conductrices par la plombagine. Les propriétés de cette substance étaient étudiées en France vers la même époque par *Bocquillon*.

Spencer semble s'être attaché plus particulièrement à la reproduction de médailles, d'objets artistiques, pendant que son collègue étendait ses recherches jusqu'à la reproduction des planches gravées, des clichés typographiques auxquels il donna le nom de clichés électrotypiques.

Les Américains, qui excellent à perfectionner les inventions de l'ancien continent, ont été les premiers à se servir de l'électrotypie. En 1841, Joseph Adams, de New-York, publia par ces procédés les illustrations de la Bible dues au burin de Harper, et l'année suivante, Daniel Davis, de Boston, se servit de clichés électrotypiques pour l'édition du *Manuel de Magnétisme*. La galvanoplastie a fait de si grands progrès qu'on la croirait arrivée à son summum, grâce au concours éclairé de savants tels que : *Bocquillon, Boettger, Elsner, Grove, Imée, Elkington, Ruolz, Jolly, Sorel, Chevallier, Roseleur, Lenoir*, etc.

Ruolz et Elkington, en découvrant les procédés de dorure et d'argenture par les solutions alcalines, ont supprimé les accidents mercuriels et par cela même ont droit à toute la reconnaissance publique.

Il nous semble nécessaire, avant d'énumérer les usages de

la galvanoplastie, de faire ici une petite classification, car les arts basés sur les opérations électrolytiques ont pris une extension si considérable depuis ces dernières années que l'ancien nom donné par Jacobi ne suffit plus à les dénommer tous.

On désigne maintenant sous le titre général d'électrolyse toutes les applications de décompositions chimiques effectuées par le courant galvanique. L'électrolyse comprend elle-même la *Galvanoplastie*, l'électrochimie, l'électrométallurgie et d'autres applications industrielles dont nous n'avons pas à parler dans cet ouvrage, telles que la préparation des alcalis caustiques, la production et la fixation des matières colorantes, le blanchiment des étoffes, le tannage des peaux, etc.

L'électrométallurgie inventée par Becquerel, en 1835, a pour but l'affinage des métaux ; nous ne sommes pas éloignés du jour où cette métallurgie électrique remplacera la métallurgie fondée sur la chaleur. Les deux arts qui nous intéressent sont donc la *Galvanoplastie* et l'*Électrochimie*.

La première a pour but d'obtenir, à l'aide du bain électrolytique, un dépôt métallique continu, *non adhérent* au moule, et assez parfaitement reproduit pour qu'on puisse le substituer à l'original.

On reproduit à l'aide de la galvanoplastie des statues, bas-reliefs, médailles, œuvres artistiques de tout genre et de toute époque. L'administration du musée de Kensington à Londres a fait ainsi copier, dès 1855, les œuvres les plus remarquables des musées européens. Qui n'a admiré dans les ateliers Christofle et Cie les pièces du trésor de Hildesheim exécutées par les opérations électrolytiques ? (Ce trésor de Hildesheim fut mis au jour en 1868 par des ouvriers qui travaillaient sur le versant du mont Galzen, en Prusse.)

Les portes de l'église Saint-Augustin, à Paris, ont été exécutées en plâtre puis recouvertes d'une couche de cuivre, et le magnifique groupe de l'Opéra de Paris, qui est en cuivre galvanique, est un des plus beaux produits de l'art galvanoplastique.

L'*électrochimie* a pour but d'obtenir sur un métal oxydable une couche mince, continue, et *adhérente*, d'un métal plus précieux.

On dore, on argente, on nickèle les ustensiles de ménage, l'orfèvrerie de table, les bijoux à bon marché etc. ; on effectue aussi des dépôts de cuivre, de fer, dont nous parlerons plus loin.

Les candélabres de la Ville de Paris, les statues qui ornent les fontaines publiques étaient autrefois en fonte peinte. Mais les épaisses couches de peinture simili-bronze ne suffisaient pas à protéger le métal des intempéries de l'atmosphère et choquaient l'œil le moins artistique et le plus indulgent. Les vastes ateliers du Val d'Osne livrent maintenant les mêmes objets en fonte cuivrée, par les procédés ordinaires, et qui répondent fort bien aux besoins artistiques de la foule.

La maison Christofle et Cⁱᵉ, qui est l'une des plus importantes fabriques du monde, dépose une moyenne de 5.000 k. d'argent par année. D'après un rapport de M. Bouilhet, en 1881 la quantité d'argent déposée annuellement par le monde entier est de 125.000 kilos soit une valeur de 25 millions de francs. Si l'on songe aux progrès qui se sont faits dans cette voie depuis une quinzaine d'années, il n'est pas téméraire d'évaluer la valeur de l'argent déposé à une quarantaine de millions.

II

GALVANOPLASTIE, GALVANOTYPIE, ETC.

Nous avons déjà vu que la galvanoplastie proprement dite consistait à déterminer, sur un moule négatif, un dépôt métallique, *non adhérent*, uniforme, doué d'une grande cohésion, et reproduisant, à s'y méprendre, le modèle proposé.

La fabrication des moules constitue la partie la plus délicate de l'art galvanoplastique, car c'est de ces derniers que dépendent et la délicatesse du dessin et le fini de l'exécution. On compte deux sortes de moulages : le moulage métallique et le moulage plastique (plâtre, gélatine, gutta-percha, etc.).

Moulage métallique. — Le moulage métallique, dû à Jacobi, s'obtient soit à l'aide du bain électrolytique, soit par simple fusion. Dans le premier cas, l'on fait déposer sur la surface de l'objet à mouler un dépôt de cuivre d'épaisseur arbitraire, et rendue non adhérent par une légère couche d'essence de térébenthine. Le second procédé est rendu très facile grâce à l'alliage de Darcet, dont la composition est :

Bismuth.	250 gr.
Étain.	125 —
Plomb.	160 —
Antimoine.	30 —.

Ce composé, très fusible, s'emploie dès qu'il a atteint un certain degré de consistance pâteuse; il est alors appliqué sur le modèle, et on lui imprime soit avec la main, soit avec une spatule, quelques chocs saccadés. On laisse ensuite refroidir, puis l'épreuve est détachée de l'objet à mouler et enduite d'un vernis composé de cire à cacheter dissoute dans l'alcool.

Le moulage métallique, qui a toujours donné de fort beaux résultats, offre l'inconvénient de nécessiter un outillage spécial et une technique particulière, on lui préfère maintenant le moulage plastique.

Moulage au plâtre. — Ce moulage, d'une exécution extrêmement simple, est très répandu parmi les amateurs, car il est peu de personnes qui ne sachent prendre l'empreinte d'un objet de petites dimensions à reliefs peu accentués, d'une médaille par exemple. On entoure cette dernière d'une bande de carton préalablement huilé, de façon à former une sorte de boîte, et l'on a soin de boucher avec du mastic de vitrier les interstices qui peuvent exister entre le papier et le contour de la médaille. Le plâtre soigneusement délayé, de façon qu'il ait l'aspect d'une bouillie assez claire, est étendu, à l'aide d'un pinceau, sur l'objet à mouler ; il faut avoir la précaution de tamponner la surface pâteuse à mesure qu'on en ajoute une nouvelle quantité, afin de chasser les bulles d'air qui formeraient de petites excavations. On détache dès qu'on est arrivé à la hauteur de la bande de carton, et l'on fait sécher à une température douce, soit au four, soit plus simplement au soleil.

Il est bien entendu que les objets délicats, les rondes-bosses, les statuettes ne peuvent être moulés avec ce procédé primitif, ils nécessitent le concours des mouleurs de profession.

Moulage à la cire et à la stéarine. — Pour exécuter le premier de ces moulages, l'on se sert de cire blanche ordinaire qui, légèrement chauffée, est versée sur le moule. Il est nécessaire d'entourer ce dernier d'un corps isolant afin d'empêcher l'adhérence : pour cela on expose l'objet à reproduire à de la vapeur d'eau ou on le couvre d'une couche d'huile d'olive.

Le moulage à la stéarine, qui s'opère de même façon, est encore fréquemment employé pour prendre les empreintes de médailles, de petits bas-reliefs, et en général de tous les objets finement ciselés, car la stéarine rend à merveille les surfaces polies. Cette substance possède en outre la propriété de se contracter très sensiblement lorsqu'elle refroidit, réduisant ainsi les dimensions de l'empreinte relativement au modèle. Bon nombre de mouleurs ont même utilisé cette propriété pour obtenir des réductions de modèles à l'aide de moulages successifs.

Moulage à la gélatine.— Le moulage à la gélatine est considéré comme excellent pour la reproduction de pièces à reliefs très accusés, car l'élasticité de cette matière permet de détacher avec facilité l'empreinte des parties rentrantes qui sont rendues avec une grande exactitude. En général, la gélatine remplace la gutta-percha toutes les fois que celle-ci est d'un emploi défectueux à cause de la pression qu'elle nécessite ; on moule à la gélatine les objets fragiles en cire, en plâtre, en porcelaine, etc.

Le mouleur doit choisir une gélatine qui ne se dissolve pas facilement dans l'eau, il la met à fondre au bain-marie, à la température d'ébullition, après quoi il ajoute un poids de mélasse égal au dixième du poids de la colle. La mélasse, qui a pour but d'éviter la contraction, est souvent remplacée par de la glycérine ; on ajoute cette dernière dans la proportion de 5 à 10 centimètres cubes pour 30 grammes de gélatine.

Le mélange est ensuite coulé sur le modèle, préalablement passé à l'étuve et enduit d'un corps isolant : le fiel de bœuf est ordinairement choisi pour cet usage.

La proportion d'eau varie naturellement selon le degré d'absorption de la matière employée, elle oscille entre 30 et 80 centimètres cubes pour 30 grammes. Brandely aîné donne la formule suivante :

Colle de Givet (gélatine de peau) . . .	200 gr.
Eau ordinaire	400 gr.
Sucre candi.	50 —
Acide tannique	5 —

L'acide tannique a pour propriété de préserver la gélatine contre la pénétration des liquides électrolytiques, il faut avoir soin de le mesurer avec exactitude, sinon l'on arriverait à l'effet contraire (l'acide tannique précipite la colle de peau à doses un peu fortes).

On détache l'empreinte avant son refroidissement complęt ; elle se prête alors à toutes les manipulations, se déforme momentanément pour reprendre ensuite la forme primitivement acquise. On peut hâter la solidification du moule en faisant intervenir l'action d'un mélange réfrigérant lorsque la température extérieure n'est pas assez froide, en été par exemple.

Il est de toute importance d'activer au début le dépôt galvanoplastique quand on fait usage d'un moule en gélatine ; il arrive fréquemment que celui-ci soit attaqué par les liquides du bain en dépit des précautions prises. On obvie à cet inconvénient en piquant dans l'épaisseur des surfaces rentrantes quelques épingles conductrices du courant. Les creux sont ainsi recouverts aussi promptement que les saillies, et le modèle se trouve conservé dans toute la pureté de sa forme.

Moulage à la gutta-percha. — Le moulage à la gutta-percha est maintenant universellement employé lorsque les objets à reproduire peuvent supporter, sans inconvénient, une pression assez forte, cette substance se prêtant d'ailleurs admirablement au moulage des pièces les plus délicatement ciselées. Ses propriétés diverses la rendent infiniment précieuse dans les arts plastiques : malléable, douée d'une grande résistance à la température ordinaire, elle devient très élastique dès qu'elle est soumise à une chaleur déterminée, de plus elle résiste à l'action des solutions alcoolisées, acides, salines. quelles qu'elles soient.

La gutta-percha doit être employée parfaitement pure et exempte des nombreuses sophistications qu'on lui fait volontairement ou accidentellement subir, telles que : addition de sciure de bois, d'ardoise en poudre, d'oxyde de plomb. etc. Dissoute dans le sulfure de carbone elle ne doit laisser aucun dépôt. Il y a quelques années, un Français, Ernest Murlot fils, a fabriqué un succédané de la gutta-percha en faisant bouillir de l'écorce extérieure du bouleau. Le liquide soumis à l'évaporation laisse déposer un résidu, qui, parait-il, offre toutes les propriétés remarquables de la matière que M. Murlot s'est proposé d'imiter. Quelques mouleurs emploient ce corps en le mélangeant à 55 0/0 de caoutchouc.

Il y a deux façons de mouler à la gutta-percha.

1° On la ramollit à l'eau bouillante, on la pétrit en forme de boule et on l'applique sur le modèle enduit de savon. S'il s'agit d'objets de petites dimensions, on se contente d'imprimer sur la gutta-percha une forte pression avec la paume de la main. S'il s'agit au contraire d'objets de grandes dimensions on se sert de presses. Dans ce dernier cas, l'objet à mouler est entouré d'un solide cadre en fer dépassant de quelques millimètres les reliefs les plus accusés. On coupe ensuite une épaisse feuille de gutta-percha qui s'emboîte exactement dans le cadre, on la ramollit et l'on soumet tout l'appareil à une forte pression jusqu'à ce que la température se soit notablement abaissée. Il faut détacher l'épreuve pendant qu'elle est encore chaude ; sans cette précaution on risquerait de la faire adhérer très fortement au modèle malgré la couche isolante.

Il se produit toujours pendant le démoulage une déformation artificielle de l'épreuve, mais celle-ci ne tarde pas à reprendre sa forme à mesure qu'elle se refroidit, elle est soigneusement lavée, puis séchée. Les moules de gutta-percha peuvent servir très longtemps ; ils acquièrent même par l'usage une finesse extrême dans le rendu des détails, ce qui les fait préférer aux moules neufs. Ils finissent cependant, à la longue, par devenir cassants.

2° Le procédé par fusion consiste à placer dans un plat de terre l'objet à mouler au-dessus duquel on dispose une boule (1) de gutta-percha : le tout est soumis à une température constante dans une étuve. La gutta-percha, en fondant graduellement se glisse dans tous les détails et donne une fidèle empreinte du modèle.

Le moulage par fusion a été perfectionné en 1884 par M. Pellecat, ou, pour mieux dire, appliqué par M. Pellecat à la reproduction des objets en terre perdue. Il convient surtout aux objets à puissants reliefs et à tous ceux qui, ne pouvant supporter une forte pression, peuvent, sans inconvénient, être soumis à une température modérée. La gutta-percha devient alors apte à remplacer les moulages plastiques

1. Il est indispensable d'employer la gutta-percha en forme de boule, sans cette précaution elle risquerait d'emprisonner des bulles d'air entre le moule et elle.

jusqu'à présent usités, sauf dans la reproduction des objets en cire, en bois, et autres substances délicates.

Métallisation des moules. — Les moules métalliques, bons conducteurs de l'électricité, doivent être rendus isolants afin d'empêcher l'adhérence du dépôt galvanique, tandis que les moules plastiques, de nature isolante, doivent être enduits, à leur surface, d'une couche conductrice sur laquelle puisse se déposer le métal du bain. Dans l'un et l'autre cas, cette couche doit être assez mince pour n'altérer en rien ni la forme, ni les détails de l'épreuve.

La plombagine semble réunir les meilleurs conditions, et c'est elle qu'on utilise le plus fréquemment.

Purifiée, broyée, passée dans un tamis fin, on en saupoudre le moule et on l'étend à l'aide d'une brosse jusqu'à ce que la surface de celui-ci présente un aspect brillant et uni. (Dans l'industrie l'on se sert de machines à brosser.) La plombagine, de nature onctueuse, s'attache facilement à toutes les substances ; on a coutume de l'associer soit à de l'argent, soit à de l'or, soit encore à du cuivre, afin d'augmenter sa conductibilité, d'ailleurs médiocre ; le mélange d'argent est, paraît-il, le meilleur.

Il est des moules très fins, très fragiles, qui ne peuvent supporter le contact un peu rude de la brosse : on les enduit d'une dissolution contenant neuf parties d'azotate d'argent pour cent parties d'alcool.

Les parties trop humectées sont tamponnées avec soin, et le modèle, bien sec, est soumis à l'action de l'acide sulfhydrique. Le sulfure d'argent qui se dépose à la surface du moule est excellent conducteur de l'électricité.

Beaucoup préfèrent opérer avec une dissolution de nitrate d'argent et des vapeurs d'hydrogène phosphoré.

Imperméabilisation. — Le plâtre, qui est très poreux, se laisserait pénétrer par les liquides du bain en détériorant le moule. Il faut donc le rendre imperméable en le plongeant dans la stéarine fondue et chauffée à 100° environ. On saupoudre de plombagine, on laisse refroidir et l'on brosse.

Bains.— Le moule métallisé est plongé dans un bain chimique traversé par un courant. La composition de ce bain varie selon la nature du dépôt que l'on désire obtenir, mais les galvanoplasties d'or, d'argent, de fer, offrent encore si peu d'applications usuelles qu'on peut dire, d'une façon générale, que les bains électrolytiques sont constitués par une dissolution de sulfate de cuivre à laquelle on ajoute divers ingrédients tels qu'acide sulfurique, acide arsénieux. chlorure d'étain (à moins de 1 millième) en vue de renforcer le courant ou de perfectionner la qualité du dépôt.

La composition du bain de cuivre dépend encore de l'anode adoptée. Quand on se sert de l'anode soluble, l'on verse petit à petit, dans une quantité d'eau déterminée, de l'acide sulfurique concentré, dans la proportion de 8 à 9 0/0 du poids de liquide, et l'on ajoute au mélange ainsi obtenu des cristaux de sulfate de cuivre jusqu'à saturation du bain. Cette composition qui marque 25° à l'aréomètre de Baumé reste invariable au cours de l'opération, grâce à l'électrode soluble qui, en se dissolvant, régénère le sulfate de cuivre à mesure que celui-ci est décomposé.

Dans le cas où l'on fait usage de l'anode insoluble, on a soin d'aciduler très légèrement le bain au début (1 à 2 0/0 du poids environ), puisque le courant produit de l'acide sulfurique qui vient augmenter progressivement la dose préalablement mise.

Comme le liquide va toujours s'affaiblissant, on suspend dans l'appareil de petits sacs en crin ou des coupelles d'osier remplies de cristaux. Ces derniers placés au fond du vase aciduleraient plus fortement la liqueur à la base au détriment de la surface.

Appareils. — La composition du bain établie, il nous reste à décrire l'appareil. Il en existe deux catégories : l'*appareil simple* et l'*appareil composé.* Dans le premier, le courant s'opère au sein même du liquide ; pour le deuxième, la source d'électricité, séparée du bain, est fournie soit par une pile, soit par une machine dynamo-électrique.

Quelles que soient d'ailleurs la forme et les dimensions de l'appareil simple il se compose toujours :

1° D'un vase extérieur en matière isolante et inattaquable

à l'acide sulfurique (gutta-percha — grès — verre, etc.).
Ce vase est rempli d'une dissolution de sulfate de cuivre ;

2° D'un ou plusieurs vases (diaphragmes) en porcelaine ou en terre de pipe contenant une dissolution d'acide sulfurique ;

3° D'une lame de zinc plongeant dans le vase extérieur ;

4° D'une galerie en cuivre communiquant avec le zinc et destinée à supporter les objets.

Cet appareil n'est autre chose qu'une pile de Daniell, dans laquelle on a remplacé l'électrode en cuivre par un objet à reproduire qui fait ainsi partie intégrante de ce couple voltaïque.

La disposition la plus fréquemment usitée est la suivante : Au centre d'une cuve en bois, blindée de gutta-percha et renfermant le bain acidulé, on dispose plusieurs vases poreux remplis d'acide sulfurique dilué et contenant une lame de zinc amalgamé. Trois tringles en cuivre pouvant communiquer entre elles surmontent l'appareil : La première retient les plaques de zinc, les deux autres servent à suspendre les moules à galvaniser. On établit le courant en faisant communiquer les baguettes de cuivre ; le sulfate de cuivre décomposé abandonne son métal qui vient se déposer sur les empreintes à recouvrir. On a soin de maintenir le degré de concentration voulue en suspendant de loin en loin, sur les bords de la cuve, les petits sacs remplis de cristaux déjà mentionnés.

L'appareil simple affecte encore d'autres dispositions, toutes basées sur le principe initial de la pile de Daniell et qu'il est inutile de décrire. Très apprécié des amateurs, il est maintenant abandonné dans toutes les fabriques importantes qui lui préfèrent l'appareil composé. Il offrait d'ailleurs deux graves défauts qui nécessitaient de grands soins : le bain tendait à s'aciduler de plus en plus tout en se chargeant constamment de sulfate de zinc. On obviait à ce dernier inconvénient en laissant évaporer la liqueur et en laissant cristalliser le sulfate de zinc qui restait en suspension dans les eaux mères.

L'appareil composé diffère du précédent par la source d'électricité qui est au dehors ; il est formé essentiellement

par une cuve d'électrolyse et par une machine dynamo-
électrique, à laquelle viennent s'ajouter divers appareils
secondaires dont la description serait ici un peu longue : l'am-
péremètre, destiné à donner une mesure exacte du courant,
le rhéostat qui permet de régler l'intensité de ce dernier, et
enfin le brise-courant qui interrompt automatiquement le
circuit dès que la force de la machine et celle de la cuve
sont sur le point de devenir égales.

Il y a deux sortes d'appareils composés : l'appareil à
anode soluble et l'appareil à anode insoluble.

Le premier, qui est le plus fréquemment usité dans l'industrie, se compose d'une cuve isolante, de forme rectan-
gulaire, blindée intérieurement de gutta-percha et contenant
le bain électrolytique. Deux tringles métalliques BB, B'B'
fixées sur le bord du vase, communiquent avec les pôles d'une
pile ou d'une machine électrique. A la tringle correspondant au pôle négatif, on suspend le moule, à la tringle
correspondant au pôle positif, on suspend la plaque de
cuivre de dimension calculée et qui sert d'électrode soluble.

Dans l'appareil à anode insoluble, de composition identique, on remplace la plaque de cuivre par une plaque de
platine ou de plomb. Il est bien moins avantageux que le
précédent, bien qu'il compte quelques partisans ; là encore
il faut régénérer le bain par l'adjonction des cristaux de
sulfate de cuivre.

Pour décrire, de façon sommaire, la marche des opérations
électrolytiques, nous diviserons les objets à reproduire en
deux groupes : le premier comprendra les monnaies, bas-
reliefs, et en général tous les moules à dépouille facile, le
deuxième comprendra les statues, les rondes bosses, etc..,
dont le dépouillement présente quelque difficulté.

Reproduction des objets à dépouille facile. — Les moules,
quelle que soit leur substance, métallisés avec soin, sont
entourés d'un fil conducteur en cuivre servant en même
temps à les suspendre à la tringle ; la métallisation ne doit
pas dépasser ce fil ; sans cette précaution le dépôt se conti-
nuerait sur la face postérieure du moule et rendrait le dépouillement très difficile. Quand on fait usage de l'appareil

composé à anode soluble, celle-ci doit avoir une surface au moins égale à celle des moules. La distance entre les moules et les anodes varie de deux à cinq centimètres.

Au début de l'opération, le dépôt a une tendance marquée à s'attacher exclusivement aux saillies du modèle et aux parties avoisinantes du fil conducteur au détriment des parties creuses. On obvie à cet inconvénient en ajoutant à cette tige de cuivre un faisceau de fils extrêmement ténus dont les extrémités, venant toucher ces surfaces oubliées, assurent ainsi l'égalité du dépôt métallique. Il est aussi très bon de modérer la force du courant en plongeant graduellement l'anode soluble dans le bain.

Quand l'épaisseur de la couche cuivrée est jugée suffisante on procède au démoulage. Tout d'abord, il faut enlever à l'aide d'une lime le rebord qui part du fil conducteur ; souvent l'ébranlement produit par cet outil suffit à détacher les moules en plâtre ; pour les moules en gutta-percha, en cire, en stéarine, on les plonge dans l'eau chaude. M. Roseleur (1) décrit ainsi qu'il suit l'achèvement des pièces démoulées : « ...les objets qu'on a séparés de leur moule sont
« ordinairement tachés de plombagine, de matières grasses
« ou de petites portions des matériaux du moule qui y
« adhèrent encore ; on est dans l'usage de les recuire pour
« brûler toutes les impuretés et de les nettoyer par une
« immersion plus ou moins prolongée dans de l'eau forte-
« ment acidulée par l'acide sulfurique.

« Le recuit a en outre l'avantage de donner au cuivre
« déposé plus de douceur et de malléabilité ; mais on ne
« saurait se dissimuler qu'il altère plus ou moins profon-
« dément le détail et le fini du cliché. On devra donc, pour
« les reproductions d'une grande délicatesse, se contenter
« de l'alcool, de l'essence de térébenthine, ou mieux de la
« benzine pour nettoyer l'objet ; ces corps seront appliqués
« avec une brosse à crins assez rudes. Le nettoyage pourra
« se terminer au blanc d'Espagne délayé dans de l'eau ordi-
« naire et qu'on laissera sécher sur la pièce avant de l'es-
« suyer. Dans ce cas, pour enlever en fin de compte le blanc
« d'Espagne qui pourrait s'être logé dans les creux, on lais-

1. Roseleur. *Manipulations hydroplastiques.*

« sera tremper le cliché dans de l'eau aiguisée de 1/10 de
« son volume d'acide chlorhydrique (acide muriatique, es-
« prit de sel) qui dissout parfaitement le blanc d'Espagne
« sans attaquer le cuivre. Il ne restera plus qu'à laver à
« l'eau fraîche et sécher à la sciure ou de toute autre ma-
« nière.

« Lorsqu'on veut recuire une pièce sans altérer sa sur-
« face, on peut la plonger dans un bain bouillant d'huile
« de lin ou de colza, ou simplement de graisse, qui com-
« porte une température suffisante au recuit, et s'oppose,
« par sa nature, à l'action oxydante de l'air.

« Le recuit au bain gras est surtout excellent pour les
« moules très fouillés, et qui peuvent avoir conservé de la
« gutta-percha dans les anfractuosités ; celle-ci se ramollit
« d'abord, puis se dissout dans le corps gras en excès. »

La qualité du dépôt métallique dépend à la fois de la pureté des anodes, de la durée de l'opération et de l'intensité
du courant.

On s'assure maintenant de la première condition par
l'emploi du cuivre chimiquement pur, c'est-à-dire exempt
de certains composés (sous-oxyde d'argent, oxyde de plomb,
acide arsénieux, acide stannique) qui formaient à la surface
de l'électrode soluble une couche assez épaisse obligeant
l'opérateur à laver l'anode de temps à autre.

L'expérience est le seul guide dans la réglementation du
courant : les courants faibles occasionnent un dépôt lent
mais homogène et de qualité supérieure, les courants trop
forts fournissent un dépôt grenu, sans cohésion, formé de
particules pulvérulentes. Il est d'ailleurs à remarquer que
la lenteur du courant n'est un inconvénient que dans l'emploi des moules en gélatine, car celle-ci est souvent attaquée
en dépit de l'acide tannique et d'une métallisation irrépro-
chable. Les opérateurs habiles règlent le courant de façon
à l'obtenir faible au début et à l'augmenter progressivement.

On opère ordinairement à la température de 16° centigrades, mais dans les cas pressés, on peut hâter la forma-
tion de la couche métallique en élevant, de 30 à 40° centigrades la chaleur du bain.

Nous allions omettre de dire, à propos de bains, quelle
importance il fallait attacher à la graduation de ces der-

niers. Une liqueur trop concentrée donne, en effet, un dépôt cristallin, très long à se produire, tandis qu'un bain léger donne un dépôt rapide mais poreux et sans consistance.

La durée de l'opération est encore réglée par l'habitude et surtout par l'expérience, elle dépend des bonnes conditions dans lesquelles le travail a été effectué. Dans l'immense majorité des cas, le dépôt atteint une épaisseur de $1^m/_m$ à $1^m/_m$ 5 par vingt-quatre heures ; il présente un tissu serré et homogène, de qualité parfaite. On peut obtenir une épaisseur de $2^m/_m$ à $2^m/_m$ 5 dans le même laps de temps en se servant d'un bain très pauvre porté de 30° à 40° centigrades.

Reproduction des objets à dépouille difficile. — Le manuel opératoire pour la reproduction des objets à rondes bosses, tel qu'il est usité de nos jours, fut indiqué dès l'année 1841 par un Anglais, Parkes. Lenoir reprit le procédé, le perfectionna, et l'appliqua à cette branche de l'industrie française. Avant cette importante découverte, la galvanoplastie pour statuettes, et autres objets à dépouillement difficile, était rendue très compliquée, car il s'agissait de mouler successivement, puis de reproduire toutes les pièces séparées du modèle qu'on réunissait ensuite à l'aide de soudures habilement pratiquées. Grâce au système de Parkes et de Lenoir on peut tirer d'un seul jet, à l'aide du bain galvanique, une statue si fidèlement copiée, que l'œil ne puisse découvrir les plus légères différences entre l'épreuve et l'original.

On applique, en plusieurs fois, une épaisse feuille de gutta-percha de façon à obtenir un moule à pièces qui représente en creux le modèle proposé, et l'on ébauche ensuite, avec un fil de platine, une sorte de carcasse qui affecte *grosso modo*, et sur des dimensions restreintes, les contours de la statue. Cette carcasse doit être plus petite que le moule afin que, suspendue à l'intérieur de celui-ci, il ne puisse y avoir aucun point de contact entre les deux surfaces. Les pièces moulées, plombaginées à l'intérieur, viennent se souder sur cette ébauche métallique de façon à l'envelopper entièrement et l'appareil ainsi composé est ensuite plongé dans le bain, le moule plastique communiquant avec le pôle négatif de la source électrique, et la carcasse qui sert d'anode insoluble communiquant avec le pôle positif.

La portion de liquide qui pénètre dans l'intérieur du moule par les ouvertures ménagées à cet effet se décompose dès que le courant est établi : le cuivre vient s'appliquer sur la surface plombaginée de la gutta-percha en reproduisant tous les détails en *relief* et avec la plus grande minutie.

On comprend aisément combien il est important de ménager un intervalle assez grand entre les deux moules afin d'éviter tout point de contact. Dans le cas contraire, le courant électrique s'échappant par ce point de contact empêcherait la décomposition électrolytique d'avoir lieu. Il était très difficile, en pratique, de parer à cette éventualité qui d'ailleurs ne manquait jamais de se produire dès que le dépôt galvanique atteignait une épaisseur suffisante ; c'est encore Lenoir qui eut l'idée d'entourer toutes les parties externes de la carcasse d'un fil de caoutchouc faisant l'office d'un isolateur. On a aussi le soin, dans le but d'assurer la circulation du bain, de pratiquer trois ouvertures dans l'appareil; celle du haut qui se trouve placée au sommet de la tête laisse en même temps passer le fil conducteur de platine, les deux autres sont situées sous la plante des pieds. La concentration du liquide est assurée à l'aide des procédés ordinaires.

Le prix élevé du platine s'opposait à la vulgarisation du système Lenoir ; Gaston Planté remplaça cette substance par le plomb qui réunit les mêmes avantages que le platine tout en présentant une différence énorme dans le prix de revient.

Quand on juge la couche assez épaisse on cesse le courant, on détache le moule extérieur en le chauffant un peu, on fait sortir de force la carcasse intérieure en tirant sur les fils : il ne reste plus qu'à enlever quelques rébarbes et à boucher les trois ouvertures.

Lorsque les objets à reproduire offrent des dimensions telles qu'ils nécessitent des bains de contenance exagérée, on a recours à une disposition fort ingénieuse qui consiste à faire jouer au *moule lui-même* le rôle de cuve d'électrolyse. Ce dernier, en gutta-percha, ou encore en plâtre plombaginé, est mis en communication directe avec le pôle négatif de la source électrique pendant que la carcasse en plomb est reliée au pôle positif de la même source. Tout l'intérieur de cet appareil est rempli d'acide sulfurique dilué dont on entretient la saturation. L'opération achevée, on laisse écouler le liquide, on coupe les fils conducteurs, on retire la carcasse métallique et l'on enlève le moule plastique qui met à jour une reproduction fidèle d'un objet parfois colossal.

Il arrive parfois, malgré la diversité des moyens, qu'on ne puisse reproduire à l'aide des procédés que nous venons d'énumérer les statues à saillies profondes qui nécessitent de grandes précautions. On opère en terre perdue, et ce procédé nécessite deux épreuves : la première se fait en ronde bosse, en plâtre le plus généralement, sur lequel on fait déposer une légère couche de cuivre galvanique. L'intérieur en plâtre est pulvérisé, lavé avec soin, séché, puis enduit d'un corps gras, et il ne reste que le dépôt de cuivre.

Cette deuxième épreuve constitue le moule proprement dit, à l'intérieur duquel viendra se former le dépôt, et qu'on brisera après l'achèvement de la ronde bosse. Les statuettes, les bas-reliefs qui seront appliqués doivent être assez lourds pour donner une illusion complète de l'œuvre de l'artiste. Les ouvriers des ateliers Christofle et Cie opèrent ainsi : ils entourent les galvanos d'une couche de plâtre afin d'empêcher la déformation du cuivre par la chaleur excessive du fourneau : ils introduisent ensuite des fragments de laiton fusible additionné de borax pulvérisé sur lesquels ils dirigent le jet de lampes à gaz. Le laiton fondu adhère facilement aux parois un peu rugueuses du galvano.

Il est très rare qu'on laisse aux produits galvaniques la couleur rouge naturelle du cuivre, on les dore, on les argente, à l'aide des procédés électrolytiques, et plus souvent on les peint en couleur de façon à imiter le bronze. Le bronze rouge s'obtient avec un mélange de plombagine et de sanguine pulvérisées qu'on délaye dans l'eau. Cette bouillie légère est étendue sur l'objet qu'on chauffe au four. On frotte ensuite vigoureusement avec une brosse cirée.

Galvanotypie. — La galvanotypie, d'invention toute récente, diffère de la galvanoplastie en ce qu'elle produit des pièces rigides, pesantes, sonores, ne réclamant aucune retouche et reproduisant toutes les finesses du modèle.

M. Juncker, l'inventeur de cet art, garde jusqu'à ce jour, avec un soin jaloux, ses procédés secrets. Il est cependant aisé de s'en faire une idée approximative par tout ce que nous avons déjà appris des arts électrolytiques, ils sont sans doute basés sur les opérations en moule perdu. M. Juncker, qui reproduit les enroulements les plus capricieux, les volutes les plus fines des branches, des feuilles et des tiges, doit sans doute diviser son sujet en plusieurs pièces qu'il réunit ensuite à l'aide de soudures habilement pratiquées. Ces soudures disparaissent après l'immersion de la pièce entière dans les cuves d'argenture, ou de dorure, ou de cuivrage.

Électrotypie. — Les limites qui nous sont assignées ne nous permettent pas de nous attarder à l'électrotypie. Nous dirons seulement en quelques lignes que cette branche des arts galvaniques, dont l'importance s'accroît de jour en jour, comprend la reproduction des clichés typographiques et des clichés gravés pour illustrations. On évite ainsi l'immobilisation de grandes quantités de lettres d'imprimerie et la destruction lente des planches gravées sur bois et sur acier. L'électrotypie, comme la galvanoplastie, comprend une série d'opérations telles que : moulage des planches en substances plastiques ou métalliques, métallisation, immersion dans les bains, etc., etc.

Depuis quelques années on se sert des procédés galvaniques pour la gravure directe, dans le genre de la taille-douce et de l'eau-forte. Sur une plaque de cuivre, recouverte d'un vernis isolant, l'artiste trace un dessin en pénétrant jusqu'à la surface du métal. Cette plaque plongée, dans un bain d'électrolyse, remplira ici les fonctions d'électrode soluble pendant qu'une autre plaque faisant office d'électrode négative recevra le dépôt. Dès que le courant est établi et que la décomposition a lieu, les parties du métal mises à nu sont attaquées et reproduisent en creux les traits tracés sur la couche isolante.

III

ÉLECTROCHIMIE

Nous savons déjà que l'électrochimie consiste à recouvrir les objets d'une couche métallique, mince et adhérente, afin de leur communiquer une plus grande résistance à l'oxydation tout en leur donnant l'apparence d'un métal précieux.

Dans l'immense majorité des cas, ce revêtement s'opère sur d'autres métaux sous-jacents, tels que le cuivre, le laiton, le bronze, le maillechort, etc., mais souvent aussi on l'étend sur des substances non conductrices telles que bois, verre, plâtre, etc.

Quelle que soit la nature de l'objet à recouvrir, on doit le soumettre à une série d'opérations préliminaires qui chimiques, qui mécaniques, ayant toutes pour but un nettoyage parfait (décapage). Les procédés purement mécaniques s'appliquent aux substances qui ne peuvent supporter les réactions chimiques, ces dernières étant réservées au cuivre et à ses alliages.

Le décapage complet du cuivre et de ses alliages comprend : le *Dégraissage*, le *Dérochage*, le passage aux eaux-fortes, ou *décapage* proprement dit, et l'*Amalgamation*.

Dégraissage. — On chauffe les pièces à un feu doux, soit par un contact direct avec les charbons, soit dans un four, mais les objets très délicats, ou ceux qui contiennent des soudures fusibles, sont lavés dans des solutions alcalines bouillantes contenant environ un kilogramme de potasse ou de soude caustique pour 10 litres d'eau. On rince ensuite à l'eau tiède.

Dérochage. — Les objets qui ont été soumis à la cuisson du dégraissage se couvrent sur toute leur surface d'une couche d'oxyde que l'on enlève par le *Dérochage*. Dérocher une pièce, c'est la plonger dans un bain d'acide sulfurique dilué au 1/10 environ. On prolonge l'immersion jusqu'à la dissolution de l'oxyde et l'on procède à un vigoureux rinçage.

Décapage proprement dit. — La suite d'opérations que l'on désigne sous le nom de passage aux eaux-fortes ou de décapage doivent s'effectuer en quelques secondes sans la moindre interruption et en ayant soin de faire suivre chacune d'elles d'un rinçage. Les pièces sont accrochées à des tiges ou bien disposées dans des passoires que l'ouvrier agite dans les bains. Le premier bain est ainsi composé :

> Acide azotique à 36°. . . .   100 parties
> Chlorure de sodium. . . .   2   —
> Noir de fumée.   2   —

pendant que le deuxième bain contient :

> Acide azotique à 36°. . . .   15 parties
> Acide sulfurique à 66°. . .   20   —
> Chlorure de sodium. . . .   1   —

A la sortie du deuxième bain, si les objets présentent une teinte brillante, leur nettoyage est parfait.

Amalgamation. — L'amalgamation, qui facilite l'adhérence du dépôt métallique, consiste à soumettre pendant quelques secondes les objets à l'action du bain suivant qui doit être très limpide :

> Eau ordinaire . . . . . .   1.000 parties
> Bioxyde de mercure. . .   1   —
> Acide sulfurique à 66°. .   1   —

Décapage mécanique. — Le décapage mécanique s'effectue

à l'aide du gratte-bosse, sorte de pinceau en fil de laiton écroui dont la grosseur varie selon la finesse des contours et du modelé (on fabrique aussi, pour les objets très délicats, des gratte-bosses en verre filé). Les installations importantes possèdant des tours à gratte-bosser, c'est-à-dire des brosses circulaires en fil de laiton tournant autour de leur axe avec rapidité grâce à un moteur à pédales. Le gratte-bossage ne s'opère pas à sec ; la brosse est fréquemment mouillée par une solution saline ou acidulée, afin de faciliter le nettoyage tout en adoucissant le contact un peu rude de la brosse. Cette opération doit s'exécuter avec la plus grande minutie.

Le gratte-bossage est souvent remplacé par le *Sassage* et le *Baquetage*.

Le *Sassage* consiste à placer les menus objets dans un sac de toile long et étroit qu'on agite dans le bain (dissolution acidulée, alcaline, décoction de bois de Panama, etc.). Il est très bon d'ajouter dans le sac un peu de sciure de bois, ou du son, ou encore du sable très fin.

Le *Baquetage* s'opère dans un baquet suspendu au plafond par de longues cordes qui servent à lui imprimer un mouvement saccadé de va-et-vient. On arrive ainsi à obtenir un très bon nettoyage des pièces, car ces dernières, en roulant les unes contre les autres dans la cuve remplie d'eau vinaigrée, se polissent.

Le zinc, la fonte, le fer, le plomb, l'étain subissent un décapage mécanique combiné à l'action de solutions diverses. Le zinc est décapé, lavé dans une dissolution de potasse, puis rincé dans l'acide sulfurique dilué au 1/10. Le plomb et l'étain se décapent de la même façon, tandis que le fer et la fonte nécessitent une immersion de trois heures dans une eau additionnée au 1/100 d'acide sulfurique et un gratte-bossage très énergique avec du sable fin.

On est arrivé à obtenir à l'aide des procédés galvaniques un grand nombre de dépôts métalliques tels que : dépôts d'or, d'argent, de cuivre, de nickel, de platine, de fer (aciérage), de plomb, d'aluminium, de zinc, d'étain, et ces derniers sont préférés aux étamages mécaniques à cause de l'excellence du produit. Les dépôts de cobalt seront appelés sous peu à remplacer le nickel avec lequel ils offrent d'ailleurs une grande analogie, les dépôts d'aluminium sont employés en horlogerie pour recouvrir les ressorts des montres.

Tous ces dépôts ne sont pas encore entrés dans la pratique courante; ils n'ont pas acquis une importance assez grande pour qu'il soit nécessaire d'en parler en détail, nous nous bornerons donc à mentionner les quatre dépôts qui sont les plus connus, c'est-à-dire l'or, l'argent, le cuivre et le nickel.

Dorure. — Il eût été très intéressant de dire quelques mots des anciens procédés mécaniques de dorure et d'argenture, mais les limites que nous ne pouvons dépasser nous obligent à nous occuper exclusivement des procédés électrochimiques.

Les bains galvaniques pour la dorure, qui sont presque tous à base de cyanure d'or, varient quant aux proportions selon les industriels; ceux qui sont le plus fréquemment employés dans l'industrie sont les bains de *Watt* et les bains de *Roseleur*.

Les objets soumis à la suite des opérations préliminaires que nous avons déjà décrites, c'est-à-dire dégraissés, dérochés et amalgamés, sont plongés dans les bains afin d'y recevoir le dépôt. Or, celui-ci s'opère soit à froid, soit à chaud. Dans le premier cas, le bain galvanique présente une disposition identique à celle que nous avons indiquée dans l'appareil composé pour la galvanoplastie. Une feuille d'or vierge, soutenue par des fils de platine, sert d'anode soluble, pendant que les objets sont suspendus à des tiges métalliques formant une sorte de châssis au-dessus de la cuve. Le courant doit être très modéré, plutôt faible, car un dépôt trop rapidement obtenu affecte une couleur rouge très foncée, presque noire, qu'on peut faire disparaître en trempant les pièces dans une dissolution d'azotate de bioxyde de mercure. On cesse l'immersion dès qu'on voit l'objet se couvrir d'une teinte blanchâtre, on évapore ensuite le mercure sous l'action de la chaleur, et l'on procède au polissage. Quand un opère à chaud, le bain est contenu dans une capsule de porcelaine pour les menus objets, et dans une chaudière en fonte émaillée pour les grands. On chauffe à une température variant entre 50° et 80° centigrades et l'on remplace l'anode soluble par une anode insoluble de platine. Les cohésions différentes de la couche donnent lieu à des colorations diverses pour un même bain ; l'on pare à cette éventualité, qui est presque toujours un inconvénient, en plongeant graduellement l'anode de platine dans le liquide. On peut aussi, à l'aide du même stratagème, modifier la nuance du dépôt, c'est ainsi qu'une grande surface de l'anode immergée donne un dépôt de nuance foncée, une petite surface donne, au contraire, un dépôt d'or pâle.

Il est très rare qu'on laisse aux pièces la couleur qu'elles ont acquise au sortir des cuves ; on les passe en couleur en les tamponnant avec une brosse, douce imbibée d'une bouillie claire appelée *or moulé*, et dont la formule est la suivante :

Alun.	30	parties.
Azotate de potasse.	30	—
Ocre rouge.	30	—
Sulfate de zinc.	8	—
Sel marin	1	—
Sulfate de fer	1	—

Les pièces sont alors chauffées jusqu'à ce qu'elles deviennent noires, on les lave, on les sèche, et elles passent ensuite entre les mains des brunisseurs qui les polissent au moyen de brunissoirs en pierres dures telles que agates, hématites, etc. La dorure pourrait à la rigueur s'effectuer directement sur tous les métaux, mais il est d'usage de procéder à un cuivrage préalable pour l'argent, le fer, la fonte et l'acier, afin que l'usure de la couche précieuse ne laisse pas apercevoir des traces trop disparates du métal sous-jacent.

On dore les pièces d'orfèvrerie, les statuettes, les bas-reliefs et surtout ces bijoux à bas prix que l'on désigne dans le commerce sous le nom de petite bijouterie.

Argenture. — L'argenture, rendue très pratique grâce aux procédés Elkington et Ruolz (1840-1841), offre de nombreuses applications industrielles, sans parler de l'argenture de l'orfèvrerie de table qui se vulgarise de jour en jour à la grande clameur des orfèvres. On est même arrivé à produire des pièces qui, par la solidité et la durée de la couche précieuse, donnent une reproduction si parfaite des chefs-d'œuvre d'orfèvrerie que beaucoup de familles riches se contentent de ces imitations afin d'éviter l'immobilisation d'un grand capital. La maison Christofle, de Paris, argente annuellement 60.000 douzaines de couverts de table, 35.000 couverts à dessert, 350.000 cuillers à café et 90.000 autres pièces de petite orfèvrerie.

On peut argenter directement sur le cuivre, le laiton, la fonte et le fer, mais l'étain et l'acier poli demandent à recevoir une couche intermédiaire de cuivre galvanique avant de recevoir le dépôt argentifère ; de même les objets mauvais conducteurs tels que bois, verre, etc.

Les services argentés qui datent des premiers essais électrolytiques laissaient apercevoir, aux parties usées par un frottement continuel, la couche rouge du cuivre, ce qui produisait un fort vilain effet ; on a remédié à cet inconvénient en remplaçant le cuivre par un alliage de cuivre, de zinc et de nickel, qui joint à une grande solidité une coloration moins vive et qui est connue sous le nom de *métal blanc, métal anglais, argentine*. M. Alfen a, ces dernières années, modifié cet alliage et lui a donné le nom d'*alfénide*.

Les bains d'argenture, comme les bains de dorure, varient selon les industriels ; ils renferment tous le métal précieux à l'état de cyanure, ce qui rend leur emploi extrêmement dangereux, car ce composé, introduit dans l'organisme par la plus petite égratignure, peut occasionner la mort. De nombreux efforts ont été tentés pour substituer au cyanure une autre substance, et M. Zinin, seul, semble avoir résolu le problème, en composant le bain qui porte son nom, avec une dissolution aqueuse d'iodure d'argent et de potassium. L'inventeur étend avec succès son procédé à la galvanoplastie d'argent.

Les objets que l'on veut argenter sont soumis au dégraissage, au dérochage, au décapage et à l'amalgamation. Ils sont ensuite accrochés aux tringles qui forment treillis au-dessus des cuves dans lesquelles on fait passer le courant.

La force de celui-ci doit être d'un ampère par 3 décimètres carrés de surface à argenter; on dépose ainsi, à l'aide de cette force 2 grammes d'argent par décimètre carré de surface et par heure. Il va sans dire que l'appareil composé est seul usité de nos jours.

On opère à froid pour le cuivre et ses divers alliages, mais il est préférable d'opérer à chaud pour les métaux qui ont reçu un cuivrage préalable. Dans ce cas, l'on se sert, comme pour la dorure, d'une chaudière en fonte émaillée sous laquelle on dispose le jet d'une forte lampe à gaz. Il faut agiter constamment le liquide électrolytique et faire usage d'anodes insolubles en platine, les anodes solubles en argent pur étant seules réservées pour les bains froids; elles sont suspendues à des tringles. Leur surface doit être proportionnée aux surfaces soumises à l'électrolyse, et leur distance aux objets ne doit pas être inférieure à 10 centimètres.

Il est bon de s'assurer si le dépôt présente un aspect uniforme, en interrompant le courant un quart d'heure après le commencement de l'opération, afin d'examiner les pièces. Dès que le dépôt est suffisant, celles-ci sont retirées des bains, lavées dans une dissolution de cyanure de potassium, rincées à l'eau bouillante, séchées à la sciure de bois, puis grattées, brossées et polies à l'aide de brunissoirs.

Les produits anglais et autrichiens sont renommés pour leur éclat et leur durée; les manufactures de Londres les couvrent d'une couche de palladium afin de les rendre inaltérables aux sulfures, et les manufactures de Vienne les soumettent à un nickelage intermédiaire.

Les objets qui sont désargentés par l'usure, ou ceux dont la couche n'est pas assez uniforme pour être livrés au commerce, doivent être soumis à l'action d'une solution d'acide sulfurique concentré et d'acide azotique avant d'être plongés à nouveau dans les bains d'électrolyse. Cette liqueur acide dissout l'argent sans attaquer de façon sensible la couche sous-jacente, pourvu que les objets aient été préalablement séchés avant l'immersion. On soumet ensuite ces pièces à un décapage aussi minutieux que si elles n'eussent jamais été argentées; on conduit l'opération comme nous l'avons déjà décrite.

Cuivrage. — L'importance du cuivrage, qui est d'ailleurs très grande par elle-même, s'accroît encore des cuivrages intermédiaires. Ces petits objets d'ameublement en fer ou en fonte, tels que rinceaux, patères, anneaux divers, tiges, tringles. etc., sont recouverts d'une couche de cuivre afin de leur donner un aspect plus artistique. On cuivre également ces reproductions d'œuvres d'art en simili-bronze avant de les peindre; si la peinture disparaît à la longue par l'usure, le cuivrage apparent fait croire à du véritable bronze. En Amérique, on cuivre les fils télégraphiques et les rouleaux destinés à l'impression des étoffes. Les vastes ateliers du Val-d'Osne fournissent de fort belles pièces en fonte et en zinc cuivrés, puis recouvertes d'une teinture brune à l'aide de patines savamment appliquées qui donnent à s'y méprendre l'illusion des bronzes anciens. Les fontaines des places publiques sont exécutées à l'aide de ces procédés, Nous n'insisterons pas sur le manuel opératoire du cuivrage, manuel en tout point semblable à celui de la dorure et de l'argenture, sauf quelques modifications peu importantes qui portent surtout sur les détails. Nous dirons seulement que les dépôts de cuivre rouge (cuivrage proprement dit), de cuivre jaune (laitonnage). sont produits par des bains constitués par des sels doubles de cuivre suffisamment dilués pour être sans action sensible sur le fer et sur le zinc. Le bain de galvanoplastie ne pourrait être employé, parce qu'il est trop fortement acidulé. Les bains les plus connus dans les manufactures sont les bains *Watt, Urquhart, Roseleur, Weil, Gandshuin,* etc...

Nickelage. — Le nickelage, découvert par *Böttger* en 1846, perfectionné par *Jacobi, Adams,* de Boston, *Remington, Gaiffe,* de Paris, a dès l'origine séduit les industriels. Il prend dans ces dernières années une extension considérable, surtout depuis que des expériences ont montré que le nickel est tout à fait inoffensif dans les aliments. On nickèle les manches des instruments de chirurgie, les objets de harnachement, les caractères d'imprimerie, et en général toutes les choses qu'on veut préserver de l'usure mécanique, car le nickel communique aux objets une dureté et une ténacité remarquables.

Pour obtenir un beau nickelage, il faut que les bains ne contiennent que des sels de nickel parfaitement purs, et que les objets soient minutieusement décapés et polis. La couche de nickel n'aplanit pas les rugosités d'une surface, et celles-ci sont fidèlement reproduites par le dépôt de liquide électrolytique qui ne doit jamais s'employer à froid mais à une température moyenne. On connaît les bains *Gaiffe, Adams, Roseleur, Pfanhauser, Julius Weiss, Boden*, etc. On se sert à volonté de l'anode insoluble (platine, charbon) ou de l'anode soluble en nickel chimiquement pur et laminé, de préférence au nickel fondu. Dans le premier cas la liqueur est régénérée avec du carbonate d'oxyde de nickel. M. Pérille a inventé les anodes solubles perforées qui offrent l'avantage de se dissoudre plus régulièrement en permettant la circulation du liquide à travers les trous.

Il nous aurait fallu un volume pour traiter en détail toutes les applications si diverses de l'électrochimie, car les expérimentateurs ne se contentent plus de recouvrir les objets de dépôts uniformes, mais ils obtiennent encore les effets de coloration les plus variés et les plus charmants pour l'ornementation des pièces d'orfévrerie. On va jusqu'à nieller et à damasquiner à l'aide des bains galvaniques!

On opère par épargnes successives, c'est-à-dire qu'on étend sur les parties qui doivent rester intactes une sorte de vernis isolant et inattaquable composé par la dissolution de résines.

Nous terminerons cet opuscule par ce passage de Japing, qui montre quel perfectionnement a atteint l'électrochimie appliquée à la décoration industrielle.

« J.-B. Kayser fils, de Crefeld, exécute depuis peu des « décorations d'objets métalliques d'après un procédé in-« venté par O. von Corvin Wierbitzlky, de Leipzig.

« Pour décorer par exemple une assiette ou un plat *corvi-*« *niello* (c'est le nom qu'on donne à ce genre de décoration), « on polit le fond du modèle, qui est généralement en métal, « et on y trace le dessin que doit figurer l'assemblage des « diverses pièces à mettre en œuvre, métal, jais, ambre et « surtout pièces de mosaïque de Florence. En sciant, en

« limant, en polissant, en coupant, en estompant, on donne
« aux diverses pièces la forme qui leur est imposée par la
« place qu'elles doivent occuper dans le dessin ; le devant
« doit généralement être plat. On colle provisoirement ces
« pièces par cette face, sur le fond poli du modèle, aux en-
« droits qu'elles doivent occuper dans le dessin. Le modèle
« ainsi chargé, on le prépare de la manière usitée en galva-
« noplastie, et l'on précipite sur son fond un métal quel-
« conque, à l'aide d'un bain et de la pile.

« Ce précipité recouvre tout le fond de l'assiette, et en-
« veloppe avec la plus grande précision les pièces collées
« et leur fond, à moins qu'on ne les isole à dessein en les
« enduisant de vernis ou de cire.

« Quand le précipité métallique a atteint l'épaisseur vou-
« lue, on le détache du modèle, ce qui n'est pas difficile ;
» car le vernis qui a servi à coller se détache facilement.

« On a, par ce procédé, une assiette dont le devant est poli
« et dont les diverses pièces, collées ensemble, sont jointes
« les unes aux autres avec une précision que n'obtiendrait
« pas la main la plus habile. On peut encore, par la gravure,
« décorer cette surface, ou la noircir ; l'argenter ou la do-
« rer. On fabrique de la même manière, et à un bas prix
« extraordinaire, des panneaux décoratifs pour meubles, et
« beaucoup d'autres objets semblables.

« Christian a présenté à la société physique de Berlin une
« série d'échantillons de corps organiques : feuilles de
« mûrier, pomme, papillon, escargot, cerveau de lapin,
« bouton de rose, recouverts par un nouveau procédé gal-
« vanoplastique d'une mince pellicule d'argent, d'or ou de
« cuivre, et reproduits avec les plus petits détails de leur
« forme primitive extérieure.

« Quand on veut recouvrir les objets par ce procédé, on
« commence par les plonger dans une solution alcoolique
« de nitrate d'argent, puis on les dessèche, et on les traite
« par l'hydrogène sulfuré et l'hydrogène phosphoré. De-
« venus ainsi d'excellents conducteurs de l'électricité, on
« les plonge dans un bain galvanique ordinaire, où ils se
« recouvrent presque instantanément d'une couche métal-
« lique.

« Le Dr Matti, de Crémone, a reproduit autrefois des

« organismes par la galvanoplastie : le musée de Naples
« possède encore la partie supérieure du corps d'un en-
« fant, qui a été recouverte d'une couche de cuivre et qui
« s'est par suite bien conservée.

« Un certain nombre de préparations anatomiques, faites
« de la même façon, ont été présentées en 1878 au congrès
« médical à Turin. »

Le Gérant : Henri Gautier.

TABLE DES MATIÈRES

IMP. NOIZETTE ET Cie, 8. RUE CAMPAGNE 1re PARIS.

[illegible]

RÉCITS
DES
Grands Jours de l'Histoire
Directeur : PAUL GAULOT

N° 78

La Fabrication des Poteries

PAR

CH. QUILLARD

PRÉPARATEUR DE CHIMIE A LA FACULTÉ DE MÉDECINE

Les objets désignés sous le nom de poteries sont extrêmement variables, depuis la brique de terre, jusqu'au vase de Sèvres. C'est dire la place qu'ils tiennent dans l'industrie, la variété des procédés à l'aide desquels on les fabrique. De là l'incontestable intérêt d'une étude complète et claire, comme celle que consacre M. Quillard à cette industrie de la céramique, si utile et si féconde en merveilles.

ABONNEMENT

On s'abonne aux VINGT-SIX volumes d'une année
de la Bibliothèque Scientifique des Écoles et des Familles.
LES ABONNÉS RECEVRONT RÉGULIÈREMENT UN VOLUME TOUS LES QUINZE JOURS
LE SAMEDI

PRIX DE L'ABONNEMENT D'UN AN

FRANCE — BELGIQUE ET ALGÉRIE	ÉTRANGER ET COLONIES SAUF LA BELGIQUE ET L'ALGÉRIE
QUATRE FRANCS 50 centimes	CINQ FRANCS 50 centimes

On s'abonne pour un an en envoyant le montant de l'abonnement, en mandat-poste, timbres français ou valeur sur Paris, à M. HENRI GAUTIER, éditeur, 55, Quai des Grands-Augustins, à Paris.

IMP. NOIZETTE ET Cie, 8, RUE CAMPAGNE-1re, PARIS.